Bibliografische Information der Deutschen Nationalbibliothek:

Die Deutsche Bibliothek verzeichnet diese Publikation in der Deutschen National-
bibliografie; detaillierte bibliografische Daten sind im Internet über http://dnb.d-
nb.de/ abrufbar.

Impressum:

Copyright © 2009 GRIN Verlag, Open Publishing GmbH
Druck und Bindung: Books on Demand GmbH, Norderstedt Germany
ISBN: 9783640530977

Dieses Buch bei GRIN:

http://www.grin.com/de/e-book/143562/photogrammetrische-luftbildbearbeitung-
anleitung-an-einem-kartenbeispiel

Benedikt Breitenbach

Photogrammetrische Luftbildbearbeitung - Anleitung an einem Kartenbeispiel

GRIN Verlag

Johannes Gutenberg-Universität Mainz
Geographisches Institut
Wintersemester 2008/2009
Geographische Informationssysteme:
Einführung in die digitale Photogrammetrie
Abgabedatum: 09.03.2009

Photogrammetrische Luftbildbearbeitung

- Gau-Bischofsheim, Harxheim, Lörzweiler & Mommenheim -

vorgelegt von:

Benedikt Breitenbach

Studienfächer:

Geographie: 8. Semester (HF)
Meteorologie: 7. Semester (NF)
Publizistik: 5. Semester (NF)

<u>**Inhaltsverzeichnis**</u>

1. <u>Einleitung</u>

Im Rahmen der Übung zur digitalen Photogrammetrie wurden bereits zuvor digitalisierte Luftbilder Rheinhessens während des Wintersemesters 2008/09 im Kurs bearbeitet. Hierzu wurde die *Leica Photogrammetry Suite* von ERDAS verwendet. Ziel war die Georeferenzierung der Luftbilder zu einem Orthophotomosaik. Hierzu war es von Nöten, dass mittels GPS-Gerät sogenannte *Ground Control Points* im Gelände gemessen wurden. Die einzelnen Arbeitschritte werden im Folgenden bis zum fertigen Endprodukt, dem Orthophotomosaik, detailliert beschrieben. Schwerpunkt dieser Arbeit liegt auf den Einstellungen der Kamerakalibrierung und der Aerotriangulation. Des Weiteren werden kurze Einblicke zur inneren und äußeren Orientierung der Luftbilder, zur Orthophotorektifizierung und der abschließenden Mosaikbildung gegeben. Zusätzlich wurde zu Schluss mittels *Virtual GIS* das Moasikbild individuell in verschiedenen dreidimensionalen Szenarien bearbeitet.

2. <u>Neues Projekt anlegen</u>

Zu Beginn der Photobearbeitung muss zuerst ein neues Projekt (Block-File) angelegt werden und das Trägermedium (z. B. Frame Camera) bestimmt werden.

Anschließend werden *Block Property Setup* konfiguriert, so dass die Luftbilder georeferenziert werden können. Hierbei wird das Referenz-Koordinaten System bestimmt, bzw. die Beziehung des Bildes zum Koordinatensystem an der Erdoberfläche herstellen.

- Horizontal: *Mercator* Projektion; geodätisches Bezugssystem *ETRS89*

- Vertikal: geodätisches Referenzsystem *WGS 84* zur Positionsangabe auf der Erde (GPS)

Das *Bessel-Ellipsoid* dient als Referenzellipsoid für Europa bzw. für Mainz und Umgebung bei der Projektionseinstellung.

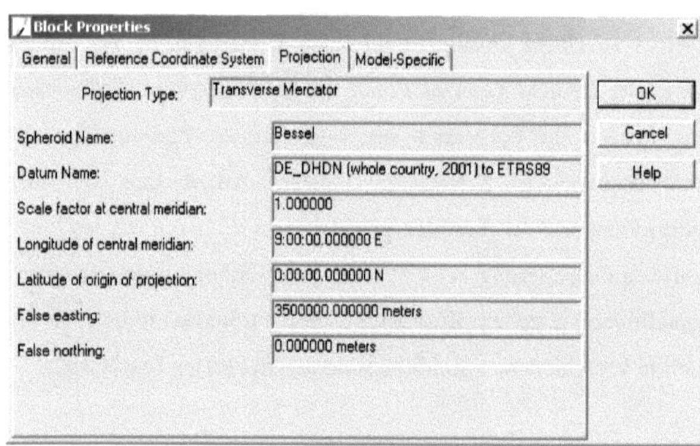

Am Ende der Block-Property Einstellungen wird noch die Flughöhe berechnet. Diese ergibt sich aus der Brennweite von 303,762 mm (siehe Luftbild) und dem Maßstab (1:13.000 wurde vorgegeben).

$$M_b = \frac{1}{m_b} = \frac{c}{h_g}$$

$h_g = 30,3762 / (1/13.000) = 394890,6 \text{ cm} = 3948,906 \text{ m} = \underline{\sim \mathbf{3950\ m}}$

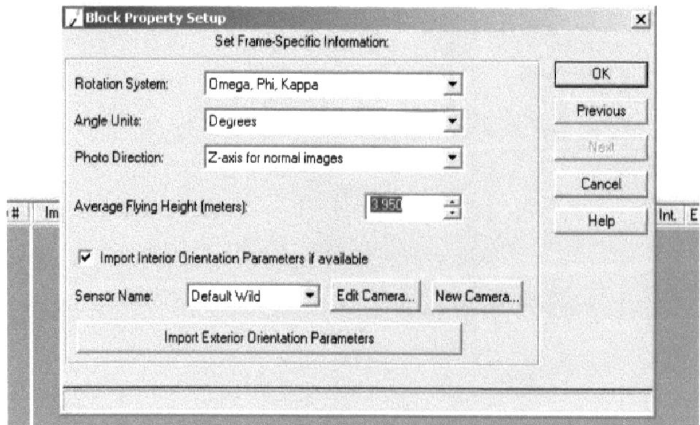

3. **Luftbilder importieren**

Nachdem die Block-Einstellungen vorgenommen wurden, werden nun die Luftbilder in das Projekt importiert. Anhand der Tabellenfelder in roter bzw. grüner Farbe wird der Bearbeitungsstatus der Luftbilder angezeigt. Nach einfügen der Luftbilder erfolgt nun die Berechnung der *Pyramid Layer*, um den Bildaufbau und die folgende Bearbeitung zu beschleunigen.

Row #	Image ID	Description	>	Image Name	Active	Pyr.	Int.	Ext.	DTM	Ortho	Online
1	1		>	k:/photogrammetrie_2/8_44831.img	X						
2	2			k:/photogrammetrie_2/8_44931.img	X						
3	3			k:/photogrammetrie_2/8_45031.img	X						
4	4			k:/photogrammetrie_2/8_45131.img	X						
5	5			k:/photogrammetrie_2/9_44829.img	X						
6	6			k:/photogrammetrie_2/9_44929.img	X						
7	7			k:/photogrammetrie_2/9_45029.img	X						
8	8			k:/photogrammetrie_2/9_45129.img	X						

4. **Kamerakalibrierung**

Die Kamerakalibrierung dient vorab der inneren und äußeren Orientierung der Luftbilder. Hierzu werden kameraspezifisch die Brennweite und der Hauptpunkt der Kamera definiert. Der Principal Point kann aus den Informationen des *Camera Calibration Certificate* (CCC S. 3) berechnet werden.

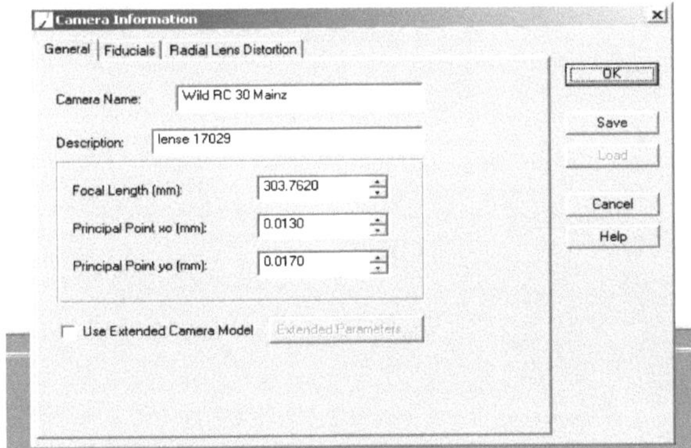

- **PPA** minus **PPS** ergeben Principal Point x0 (0.0130 mm) und y0 (0.0170 mm)

Fiducials marks berechnen

Die Aufnahmemarkierungen werden zwecks des Symmetriehauptpunktes berechnet (siehe CCC S. 3) und dienen als Bezugspunkt zur Bestimmung der inneren Orientierung.

- Bsp. für **Row 1**:

Film X: 106.006 - (- 0.031) = **106.037 mm**; Film Y 106.004 - (- 0.004) = **106.000 mm**

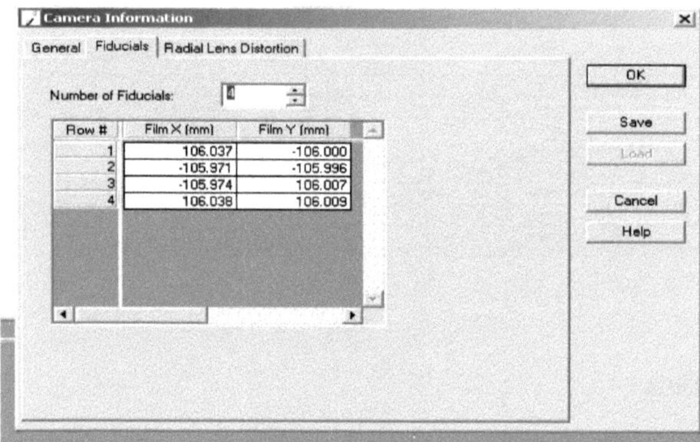

Radial Lens Distortion

Die Werte zur Korrektur der radialen Linsenverzerrung werden durch einfügen von *Radidial Distance* und *Distortion* aus dem CCC (Seite 2) für die Radiuswerte von 0 mm bis 148 mm vorgenommen.

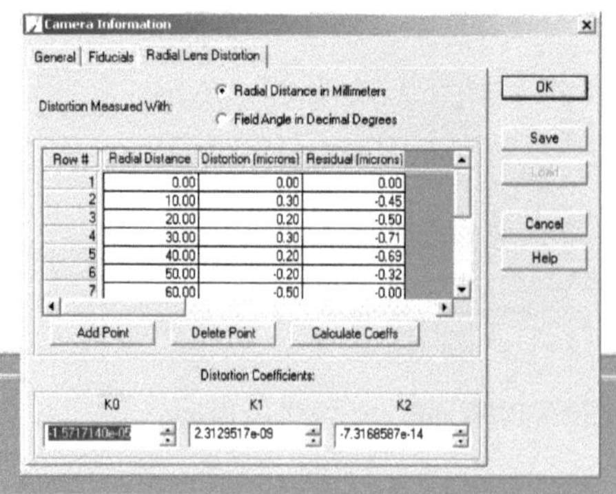

5. **Innere Orientierung der Luftbilder**

Die innere Orientierung gibt die Lage des Projektionszentrums in Bezug auf das Bildkoordinatensystem an. Elemente der inneren Orientierung sind Kamerakonstante und die Koordinaten des Bildhauptpunktes. Die Verbindungslinien der sich gegenüberliegenden Rahmenmarken bilden den Mittelpunkt des Luftbildes. Die *fiducials marks* werden bei der Bildaufnahme mitbelichtet und befinden sich bei den Luftbildern rotumrandet in den Bildecken. Bei der Bearbeitung der Rahmenmarken müssen diese für jedes Bild in der Reihenfolge von römisch I bis IV manuell gesetzt werden. Nach Abschluss der Bearbeitung wird der *Root Mean Square Error* der Koordinaten angezeigt. Dieser beschreibt die mittlere quadratische Abweichung vom gesuchten Hauptmittelpunkt und ist desto besser je niedriger dieser liegt. Das Beispiel unten zeigt einen sehr guten RMSE-Wert von 0.05 pixels an.

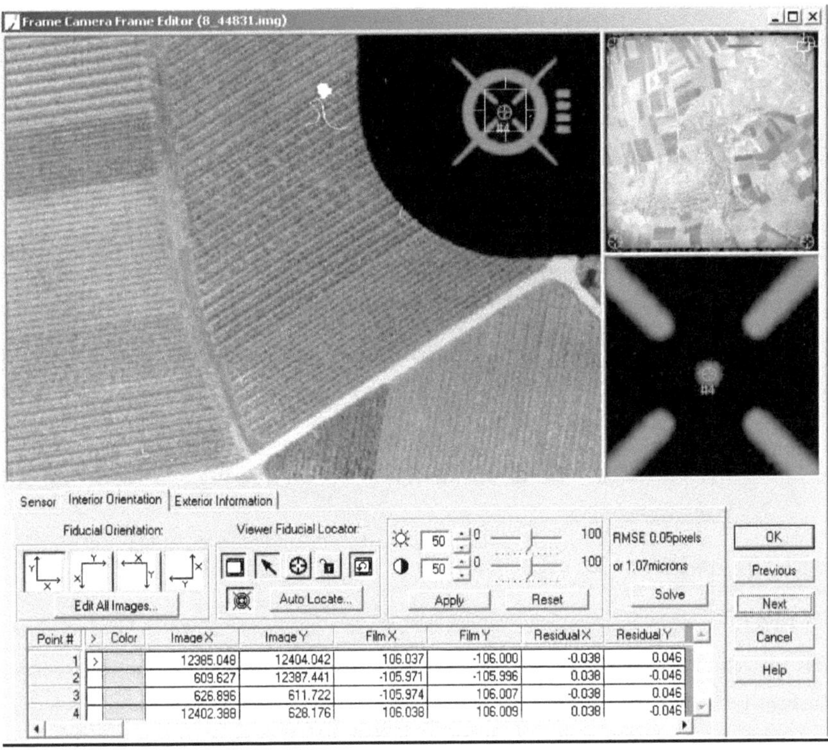

Point #	>	Color	Image X	Image Y	Film X	Film Y	Residual X	Residual Y
1	>		12385.048	12404.042	106.037	-106.000	-0.038	0.046
2			609.627	12387.441	-105.971	-105.996	0.038	-0.046
3			626.896	611.722	-105.974	106.007	-0.038	0.046
4			12402.388	628.176	106.038	106.009	0.038	-0.046

6. Äußere Orientierung der Luftbilder

Die äußere Orientierung gibt die Lage des Bildes im Objektraum an. Die Elemente der äußeren Orientierung einer Kamera im Moment der Belichtung sind durch die Position des Projektionszentrums und der Richtung der optischen Achse festgelegt. Das Projektionszentrum und alle Objektpunkte sind in einem dreidimensionalem rechtwinkligen X-, Y-, Z-Koordinatensystem definiert. Die Richtung der optischen Achse wird durch die Rotationswinkel Omega, Phi und Kappa um die x-, y- und z-Achse des Bildkoordinatensystems bestimmt. Mittels der im Luftbild vermerkten Bildnummern (Image Name) können die Koordinaten nach Gauß-Krüger für x und y bestimmt werden.

Fiducial Orientation and Exterior Orientation Parameter Editor

Xo, Yo Units: meters   Zo Units: meters   Angle Units: degrees   Right+X: Down+X: Left+X:

Row #	Image Name	Image ID	Sensor Name	Orientation	Xo	Yo	Zo	Omega
1	8_44831	1	Wild RC 30 Mainz	Right+X	3448000	5531000.000	4100.000	0.0000
2	8_44931	2	Wild RC 30 Mainz	Right+X	3449000.000	5531000.000	4100.000	0.0000
3	8_45031	3	Wild RC 30 Mainz	Right+X	3450000.000	5531000.000	4100.000	0.0000
4	8_45131	4	Wild RC 30 Mainz	Right+X	3451000.000	5531000.000	4100.000	0.0000
5	9_44829	5	Wild RC 30 Mainz	Right+X	3448000.000	5529000.000	4100.000	0.0000
6	9_44929	6	Wild RC 30 Mainz	Right+X	3449000.000	5529000.000	4100.000	0.0000
7	9_45029	7	Wild RC 30 Mainz	Right+X	3450000.000	5529000.000	4100.000	0.0000
8	9_45129	8	Wild RC 30 Mainz	Right+X	3451000.000	5529000.000	4100.000	0.0000

Bsp: Row 1; Image Name: 44831

$X_0 = 3448000$ (3 bezeichnet den Mederianstreifen bei 9° östliche Länge)

$Y_0 = 5531000$ (gibt die nördliche Entfernung des Punktes vom Äquator in m an,

     also 5531 km 000 m)

7. Aerotriangulation

Passpunkte festlegen

Mit *ERDAS Viewer* können nun die mittels GPS-Gerät gemessenen 25 Referenzkoordinaten ganz einfach mit copy & paste in die Tabelle des *Point Measurement* eingefügt werden. Hierbei wird im Point Measurement für jeden Punkt eine Eigene ID für Rechtswert, Hochwert und GPS-Höhe angelegt. Anschließend erfolgt wie unten beschrieben die exakte Georeferenzierung der im Gelände gemessenen Bildpunkte, bzw. der *Ground Control Points*.

Eine Triangulation kann anschließend erstmals durchgeführt werden. Voraussetzung hierfür sind mindestens drei *Ground Control Points* pro Luftbild.

1. Schritt: Grob-Positionierung der Passpunkte in den Bildern

(Für diesen Vorgang müssen die Parameter der äußeren Orientierung als *Fixed* deklariert sein)

2. Schritt: Exakte Positionieren der einzelnen Bildpunkte in den jeweiligen Bildern

Ziel dieses Arbeitsschrittes ist es, dass die gemessenen und zuvor per Hand in Karten vermerkten 25 Bildpunkte alle möglichst zielgenau in den acht Luftbildern gesetzt werden.

Atomatic Tie Point Collection - Automatisches Messen von Verknüpfungspunkten

Im Folgenden werden die Tie-Points als gemeinsame Passpunkte im Überschneidungsbereich der jeweiligen oberen, unteren und den gegenüberliegenden Bilderreihen automatisch identifiziert. Die Tie-Points stabilisieren/verbessern später die Ergebnisse der Triangulation. Diese definieren die gegenseitige Beziehung der einzelnen Bilder zueinander. Ihre Geländekoordinaten sind zunächst nicht bekannt, sie liegen erst nach erfolgter Aerotriangulation vor. Verknüpfungspunkte müssen in den jeweiligen Überlappungsbereichen der Bilder eindeutig erkennbar sein und auch von einem Bild ins angrenzende Bild übertragbar sein. Die Verknüpfungspunkte können manuell gesucht werden, allerdings kann dies ein ziemlich zeitintensives Unterfangen werden. Daher wird die automatische Verknüpfungspunktsuche angewandt. Für diesen Vorgang müssen die Parameter der äußeren Orientierung auf *Initial* gesetzt sein.

Bei der Verknüpfung der Tie-Points mit den Luftbildern werden die Ergebnisse der *Triangulation* als *total RMSE Error* angezeigt. Dieser wird bei der Triangulation automatisch errechnet und definiert den Fehlerwert der einzelnen Punkte. Um einen besseren Wert bei der Triangulation zu erzielen, werden in der Regel alle RMSE-Werte schlechter als 2 oder manchmal auch schlechter als 1 inaktiv gesetzt (siehe Abb.: Tie Point Generation Result).

Tie Point Generation Result

Ground Points Image Points

Row #	Point ID	Image ID	Active	X	Y	RX	RY	Total RMSE
	60	44931		13.457	-56.301	-2.145	-1.472	2.601
	38	44931		21.796	66.142	-1.294	2.233	2.581
	95	44829		91.043	67.995	-0.780	2.332	2.459
	46	44931		15.736	-25.977	-2.404	-0.291	2.421
	39	45031		-109.487	55.431	-1.446	-1.691	2.225
	49	44831		76.017	-62.918	0.590	2.108	2.189
	77	44829		81.043	72.553	-0.395	2.137	2.173
	55	44931		15.475	13.815	-1.816	1.002	2.074
	64	45131		-62.622	-91.951	0.238	-2.049	2.063
	102	44929		25.947	-70.430	1.667	1.161	2.032
152	37	44931	X	-3.789	70.635	0.987	1.675	1.944
53	78	44829	X	-21.988	61.505	-0.066	-1.922	1.923
149	36	44931	X	-0.704	80.726	0.754	1.765	1.920
54	78	44929	X	-98.394	60.305	0.074	1.918	1.919

The Triangulation Report

Mittels des *Triangulation Reports* lassen sich noch einige Fehlerwerte finden, welche das Ergebnis der Triangulation in besonderem Masse beeinflussen. Meistens ist es notwendig, dass einige Ground Control Points (GCP) unter dem *Point Measurement Tool* inaktiv gesetzt werden müssen. Somit kann der Fehlerwert der Passpunkte bei der Triangulation reduziert werden. Der *total Image Unit Weight RMSE-Wert* dient als Indikator für die Qualität der gesetzten Messpunkte und sollte bei Ende der Triangulation **kleiner 0.700** sein. Eine Möglichkeit um Fehlerwerte im Report zu erkennen ist die Interpretation der *Residuals of the control points*. Dieser beschreibt die Differenz zwischen den gemessenen GPS-Koordinaten (original Koordinaten) und den gesetzten Koordinaten im Point Measurement. Hohe Werte kennzeichnen fehlerhafte Koordinaten oder Daten schlechter Qualität (z. B. Messfehler) und lassen sich unter Umständen noch im Point Measurement verändern oder müssen bei gleichbleibenden hohen Werten deaktiviert werden. Die folgenden Abbildungen zeigen die positiven Auswirkungen, wenn Ground Control Points deaktiviert werden.

The residuals of the control points

Point ID	rX	rY	rZ
1	-46.3075	18.4385	116.7113
2	-11.8496	8.2813	24.9304
3	71.2087	-84.8872	321.0742
4	-2.5293	-1.4523	-103.0687
5	-3.0046	-7.1613	-47.2836
6	-20.2869	-5.3893	-130.4886
7	-15.9612	20.5065	-109.5113
8	6.4217	16.6168	-16.0773
9	6.0290	17.6165	21.0441
19	12.6534	9.5013	20.5643
20	15.4000	4.1025	-11.6441
21	-2.9778	-9.9602	-37.0314
22	-4.3303	1.8260	-38.3350
23	4.9406	2.1023	-41.6907
24	-8.7684	3.8544	-29.3902
25	-3.7529	-3.0981	-5.9172
26	-14.1005	-1.4877	49.5774
27	-23.3968	-3.3118	76.8679
28	-4.8943	-21.7774	14.8712
29	-9.1407	4.2179	-23.1287
30	-4.7005	1.2092	-45.8074
31	-16.3646	4.6102	-58.6637
32	-8.5539	37.9453	-32.1799
33	36.7210	17.7053	-24.6362
34	57.4772	-20.1567	117.1988

The residuals of the control points

Point ID	rX	rY	rZ
1	-2.2945	3.8893	1.1382
4	-3.2771	-4.9900	-0.3181
5	3.0045	4.2856	-0.8110
6	-0.1946	-3.0709	-3.5025
7	-0.7648	-3.7006	2.7012
8	0.8461	-2.1749	-0.3150
9	-1.8364	2.2845	0.0880
19	-4.9526	-2.5296	-1.6878
20	5.2911	1.4976	1.0727
24	-3.4734	3.5849	1.1853
25	3.0477	-1.7554	1.7550
26	2.0505	-0.6100	0.0539
28	1.4535	0.0377	0.2480
29	-0.6831	2.5620	0.8937
30	3.0852	-2.2253	-3.4607
32	-0.3196	3.9174	-0.6110
34	-1.0074	-1.0210	1.5682

Die Reduzierung von 25 auf 17 GCP hat einen deutlich besseren Triangulationswert bewirkt, sodass der *total Image Unit Weight RMSE-Wert* von knapp 5.000 auf sehr gute 0.2537 sank.

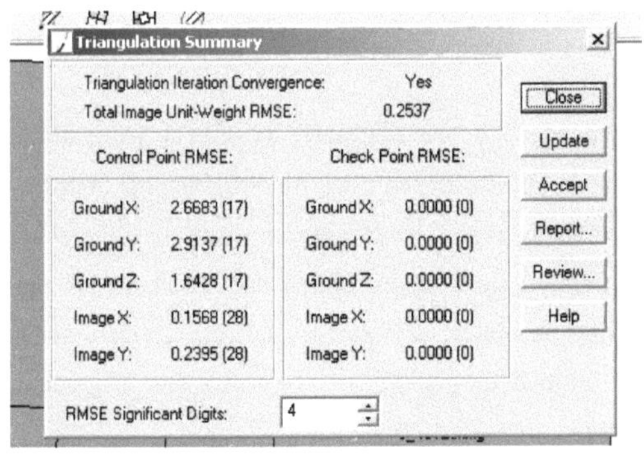

8. <u>Orthophotoberechnung/Orthorektifizierung</u>

Nach dem die innere und äußere Orientierung sowie die Kamerakalibrierung und die Aerotriangulation vorgenommen wurden, erfolgt nun die Orthophotoberechnung der Luftbilder. Hierzu werden die acht Bilder mittels *Ortho Resampling* neu berechnet und mit den bekannten Koordinaten, bzw. den Ground Control Points georeferenziert. Als digitales Geländemodell wird die Quelldatei *rhh_20m_meter* verwendet. Das Orthophoto hat nach der Bearbeitung den Inhalt eines Luftbildes und die geometrische Eigentschaft einer Karte und ist zu späteren visuellen Interpretationsaufgaben besonders geeignet. Verzerrungen, die in den Luftbildern aufgrund von Höhenunterschieden im Gelände und Bildneigung existierten, wurden entfernt. Die Luftbilder sind somit als Parallelprojektionen auf einer horizontalen Ebene abgebildet.

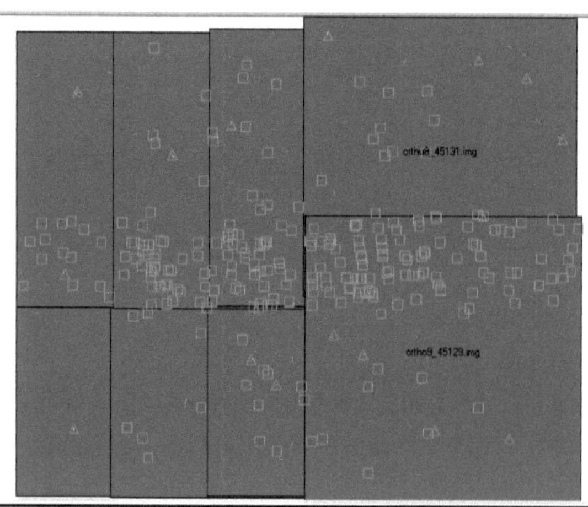

9. <u>Mosaikbildung</u>

Bei der Mosaikbildung werden die orthorektifizierten Luftbilder zu einem Gesamtbild zusammengefügt und farblich angepasst. Im Rahmen der Mosaikbildung werden entsprechende Bildverarbeitungsmethoden verwendet. Unterschieden wird diesbezüglich hierbei zwischen geometrischen und radiometrischen Eigenschaften der Daten. Durch die *geometrische Mosaikbildung* werden die einzelnen Datensätze auf ein gemeinsames Bezugssystem transformiert und als Gesamtbild dargestellt. Als bearbeitendes Programm dient hierfür ERDAS Imagine (Mosaic Pro).

Nach der geometrischen Mosaikbildung verbleiben aufgrund schnell wechselnder Aufnahmebedingungen während der Flugzeugaufnahme deutliche Helligkeits-, Kontrast- und Farbunterschiede in den zusammengefügten Einzelbildern erhalten (siehe Abb. Oben). Durch eine anschließende *radiometrische Mosaikbildung* erhält man ein homogenes Gesamtbild. Dieses erfolgt über die Einstellungen der *Color Corrections* (Use Image Dodging). Abschließend wird das Gesamtbild noch entsprechend zugeschnitten.

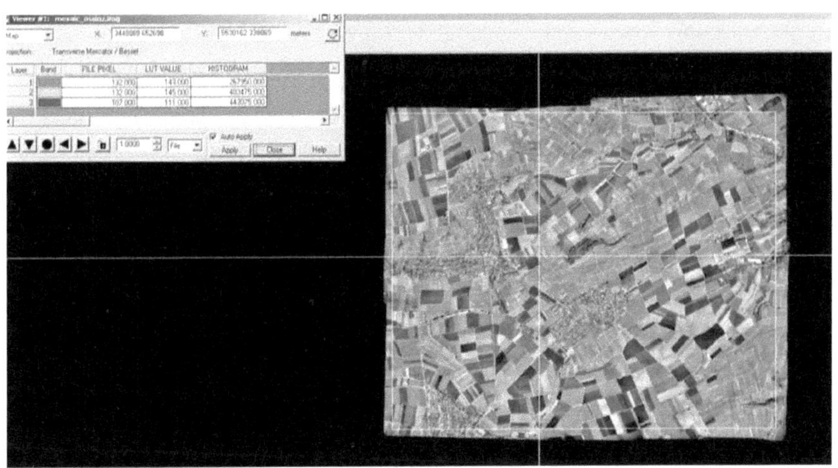

10. Virtual GIS – 3D-Ansicht gestalten

Als abschließender Arbeitsschritt wurde im *Virtual GIS* von ERDAS das zugeschnittene Orthophotomosaik über das digitale Geländemodell für eine dreidimensionale Ansicht gelegt. Der Ausführung der Arbeiten waren keine Grenzen gesetzt, sodass zum Beispiel Überhöhungen, Hochwasserszenarien oder Wolkenformen frei individuell wählbar waren.

Szenario 1: gutes Wetter, leicht bewölkt (3-fache Überhöhung)

Szenario 2: Nebelbildung in Höhenlagen (2-fache Überhöhung)

Szenario 3: Nebelbildung in Tiefenlagen (3-fache Überhöhung)

Szenario 4: großflächiges Hochwasser (2-fache Überhöhung)

BEI GRIN MACHT SICH IHR WISSEN BEZAHLT

- Wir veröffentlichen Ihre Hausarbeit, Bachelor- und Masterarbeit

- Ihr eigenes eBook und Buch - weltweit in allen wichtigen Shops

- Verdienen Sie an jedem Verkauf

Jetzt bei www.GRIN.com hochladen und kostenlos publizieren